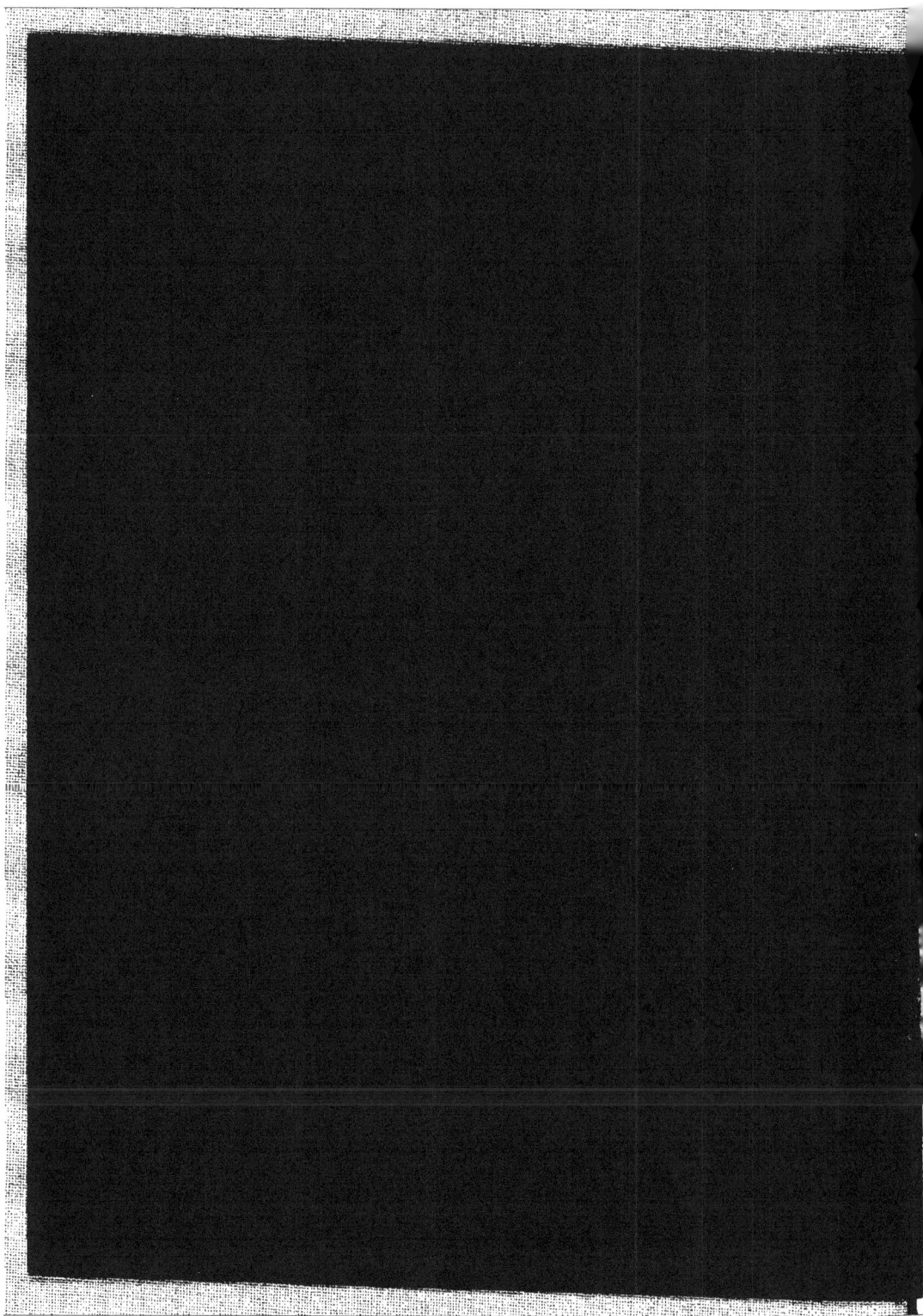

Joseph Surmont

LES
PIERRES PRÉCIEUSES

••••••••••••

AVANT-PROPOS

INTRODUCTION — COULEURS

DESCRIPTION & PROVENANCE

EMBLÈMES

COMPOSITION — QUALITÉS

LANGAGE D'AMOUR

QUATRAINS

POÉSIES & CITATIONS SUR L'AMOUR

—

1915

—

PRIX : 2 FRANCS

AVANT-PROPOS

Il n'existe que peu d'ouvrages sérieux et bien documentés contenant des renseignements complets et scientifiques, sur la provenance, la nature et la composition des pierres précieuses.

Ces ouvrages sont d'ailleurs déjà très anciens.

Le but de ce livre est donc de rapporter et de faire connaître par des détails intéressants et particuliers, tout ce que le grand public a besoin de savoir, comme complément de son bagage intellectuel de tout ce qui constitue si diversement la vie des pierres précieuses.

J. Surmont.

INTRODUCTION

LES PIERRES PRÉCIEUSES

Le goût des pierres précieuses remonte à la plus haute antiquité ; d'abord, chez les peuples de l'Asie, où le premier grand trésor de pierres précieuses est constitué par MITHRIDATE, roi du Pont (ancien état de l'Asie Mineure), 402-303 avant J.-C.

Puis ce goût se répand en Egypte, en Grèce, à Rome, et, au fur et à mesure, avec la civilisation, parmi toutes les classes aisées du monde entier. Peu à peu, le commerce des pierres précieuses devient de la frénésie ; l'on voit tour à tour des pierres de toutes couleurs, même de grande valeur employées pour les joyaux et les couronnes des Empereurs, des Rois et autres grands souverains ; pour les pièces d'art d'orfèvrerie ; pour des présents ; pour embellir les courtisanes, pour la fabrication des bijoux de valeur et enfin pour tout ce qui sert à l'ornement des objets de parure tant convoités par toutes les classes de la société.

* * *

Les recherches pour la connaissance absolue de la composition naturelle des pierres précieuses, permettant à l'homme d'en fabriquer ou d'en produire artificiellement et qui pourraient les égaliser ou même rivaliser avec les pierres naturelles, sont restées stériles, ou en tout cas, non concluantes. C'est un secret que garde encore la nature.

Cependant, depuis quelques années, on est arrivé à

fabriquer et à produire des pierres dites "synthétiques" ou "reconstituées", au moyen de corps chimiques composés et combinés, traités par l'action du chalumeau à gaz hydrogène et oxygène, qui ont donné, non seulement les couleurs à peu près exactes des pierres naturelles, mais aussi la dureté, le poids, ainsi que le brillant ; parmi celles qui se rapprochent le plus des véritables pierres, on peut sans conteste citer le rubis et le saphir qui sont admirablement imités, mais que les chimistes, les marchands et les lapidaires reconnaissent quand même comme fabriqués et de provenance par la synthèse chimique.

Donc, de tout temps, on a cherché à pénétrer le mystère de la formation exacte des pierres naturelles ; des savants, chimistes, naturalistes, minéralogistes et autres, ont, depuis l'origine des pierres précieuses, traité cette délicate question, sans jamais avoir pu la solutionner ; nous citons parmi les noms les plus connus :

THEOPHRASTE, savant grec, né dans l'île de Lesbos, vers 372 avant J.-C., mort à Athènes.

PLINE LE NATURALISTE, né à Côme, sous le règne de Tibère (2me Empereur Romain) en l'an 23 av. J.-C.

GALIEN CLAUDE, célèbre médecin grec, savant et philosophe, mort à Rome en 210 après J.-C.

BACON (ROGER), célèbre moine Anglais, du XIIIme siècle, philosophe, érudit et chimiste remarquable.

DE ROSNEL (PIERRE), français, orfèvre joaillier en titre de Louis XIII, auteur du mercure indien (guide du joaillier), traitant des alliages et des procédés métallurgiques.

BOYLE (ROBERT), chimiste anglais, 1626-1691.

BERGMANN, célèbre chimiste suédois, 1734-1784.

ROMÉ DE LISLE, minéralogiste français, qui a fait sur les pierres précieuses le meilleur ouvrage et le plus complet, 1790.

Enfin, le célèbre chimiste français MOISSAN (HENRI), qui fit en 1893 d'intéressantes études sur les diamants naturels, et réussit même à fabriquer artificiellement des cristaux microscopiques de diamant.

Néanmoins, il résulte ou plutôt on croit, d'après le plus grand nombre des auteurs connus, que les pierres précieuses sont formées par la nature dans les terrains siliceux ou alumineux par la voie de la cristallisation d'un suc pierreux, analogue à celui du cristal de roche, dont les parties constituantes, homogènes et similaires, se sont réunies lentement par le plus grand nombre de surfaces dans un fluide dont l'*équilibre* n'a pas été troublé.

En général, les gemmes en couleur sont composées de terre argileuse, d'une portion de calcaire et de fer modifié différemment : elles doivent leur teinte à une vapeur minérale et à des substances métalliques. La couleur indique souvent la nature des métaux colorants. Le cobalt (métal blanc, voisin du fer et du nickel) donne du bleu ; le cuivre donne du vert et du bleu ; le plomb donne du jaune ; le fer donne du rouge et quelquefois aussi du jaune, du vert et du bleu ; l'or donne une couleur pourpre ; le plomb et le fer combinés donnent un rouge jaune d'hyacinthe.

En résumé, toutes les pierres précieuses participent toujours de la couleur du sol dans lequel elles ont été produites, par les sucs métalliques qui leur sont voisins.

A toute époque, on a attribué aux pierres précieuses la propriété d'une vertu particulière et des qualités définies d'après leur couleur. Aux Indes, dès les temps les plus anciens on parlait des pierres précieuses en termes qui montrent qu'on leur attibuait une durée inestimable.

Dans les poèmes d'Orphée, dits *"poèmes Orphiques"*, du célèbre poète ONOMACRITE (600 ans avant J.-C.), on trouve la preuve que les Grecs attribuaient déjà aux pierres précieuses des prophéties surnaturelles (vie éternelle). Puis ce fut PLATON, philosophe grec (de son vrai nom ARISTOCLES), 400 ans avant J.-C., qui affirma que les pierres précieuses étaient de véritables êtres vivants.

Nous pouvons donc, comme eux et tant d'autres, affirmer que les pierres précieuses vivent, comme tout ce qui vit dans la nature, et que leur vie à elles est immortelle, mais hélas! souvent changeante; car les pierres précieuses, depuis leur naissance, passent par intermittence suivant la transmission héréditaire ou commerciale, d'une main à l'autre, du riche au pauvre, du noble au vulgaire, de la femme la plus belle à la plus délaissée!

Voilà en peu de mots, l'histoire et la vie des pierres précieuses.

Plus loin, on trouvera dans ce petit opuscule tout ce qui se rapporte à chaque pierre : sa couleur, sa provenance, sa composition, ses emblèmes, ses qualités et surtout son langage d'amour universellement parlé.

Enfin, et comme agrément littéraire, on pourra lire quelques poésies et citations sur l'amour.

J. SURMONT.

LE DIAMANT

SA COULEUR EST INCOLORE
C'EST-A-DIRE GÉNÉRALEMENT BLANC, COMME L'EAU.
IL Y A AUSSI DU DIAMANT JAUNE, ROSE, BLEU ET NOIR

DESCRIPTION ET PROVENANCE — Pierre précieuse la plus riche, la plus dure, la plus pesante, la plus brillante, la plus noble et la plus estimée de toutes les pierres précieuses.

Provient des Indes, du Brésil et du Cap.

EMBLÈMES — Innocence, pureté, indomptable, incomparable.

COMPOSITION — Carbonne pur cristallisé.

QUALITÉS — Amour pur et innocent.

LANGAGE D'AMOUR

Pas de nouvel amour.
Je suis fier de vous.
Vous êtes la plus belle.
Notre amour est inaltérable.
Vos charmes sont indéfinissables.

QUATRAIN SUR LE DIAMANT

Incomparable gemme aux reflets radieux,
Vous avez du soleil l'éclatante lumière;
Vous dominez les cœurs, vous régnez en vrais dieux,
Vous êtes pour les Rois, la pierre princière!

LE RUBIS

SA COULEUR EST ROUGE

DESCRIPTION ET PROVENANCE — Pierre précieuse, transparente ou foncée, de couleur rouge, la plus dure après le diamant.

Provient des Indes, de Bohême, du Brésil et des hautes montagnes de l'île de Ceylan. Le rubis le plus estimé est oriental.

EMBLÈMES — Ardeur, audace, violence, jalousie.

COMPOSITION — Corindon ou alumine cristallisée, d'une superbe couleur cramoisie.

QUALITÉS — Amour exalté, violent ou sublime.

LANGAGE D'AMOUR

J'ai foi en votre amour.
J'ai peur de vous aimer.
Je brûle pour vous.
Votre beauté me désespère.
Je vous aime avec ardeur.
Je veux que vous soyez à moi.
Je ne puis plus cacher mon amour.

QUATRAIN SUR LE RUBIS

Votre couleur de sang, rouge de Cardinal,
Avive la beauté de nos brunes déesses,
Dont le cœur en fureur, et parfois sans égal,
A pour noble devise : "Amour fais des prouesses".

LE SAPHIR

SA COULEUR EST BLEUE

DESCRIPTION ET PROVENANCE — Pierre précieuse qui est une variété de corindon; le mâle est bleu indigo, la femelle fluorine bleue transparente. Le saphir oriental est d'un beau bleu d'une couleur veloutée, riche et également distribuée, sans être ni trop foncée, ni trop claire.

Provient de l'Orient, de l'île Ceylan et du Brésil.

EMBLÈMES — Tendresse, fidélité, discrétion.

COMPOSITION — Le saphir bleu est un corindon ou alumine. Le saphir d'eau est du silicate magnésien.

QUALITÉS — Amour idéal, discret, tendre, confiant.

LANGAGE D'AMOUR

Je n'ose pas vous avouer mon amour.
Je vous aime tendrement avec douleur.
J'attends avec passion votre aveu.
L'espoir que vous me donnez me ravit.
Je ne rêve qu'à vous.

QUATRAIN SUR LE SAPHIR

Bleu de Roi, bleu de Reine, ou bleu d'un ciel d'azur,
Emblème de l'amant, fidèle à la tendresse,
Vous êtes l'idéal de l'amour le plus pur,
L'amour sentimental, affranchi de tristesse.

L'ÉMERAUDE

SA COULEUR EST VERTE

———

DESCRIPTION ET PROVENANCE — Pierre précieuse ou corindon d'une belle couleur verte. L'émeraude du Pérou est d'un beau vert de prairie dépuré; riche, velouté, qui refléchit des rayons éclatants; celles du Brésil, sont d'un vert foncé d'une très belle eau.

Provient de l'Égypte, de Kosseïr, sur la mer Rouge, de Chypre, d'Arabie, de Perse, du Pérou et du Brésil.

EMBLÈMES — Espérance fragile, robuste ou évanouie.

COMPOSITION — Silicate naturel d'alumine et de glucinium qui représente un éclat vitreux. La coloration si remarquable de l'émeraude est due à l'oxyde de chrome.

QUALITÉS — Amour instable, confiante illusion.

LANGAGE D'AMOUR

Laissez-moi espérer.
Je meurs ou je m'attache.
Je vous aime et espère
Ayez confiance en moi.
Je vous attendrai toujours.

QUATRAIN SUR L'ÉMERAUDE

A notre amour fragile, elle apporte l'espoir;
L'espérance est pour nous vraiment le plus doux rêve,
Car c'est l'illusion qui donne tout pouvoir,
De l'aube qui commence à l'aube qui s'achève.

LA TOPAZE

SA COULEUR EST JAUNE : COULEUR VIVE DE JONQUILLE
OU DE CITRON ET QUELQUEFOIS D'UN BEAU JAUNE D'OR

DESCRIPTION ET PROVENANCE — Pierre précieuse qui est un fluosilicate naturel d'alumine, très varié.

Provient du Brésil, de Sibérie et de Ceylan.

EMBLÈMES — Joie, richesse, envie, préférence, déception.

COMPOSITION — Corindon ou alumine dont les cristallisations sont prismatiques. La topaze est plus dure que l'émeraude.

QUALITÉS — Amour délicat, complet, troublé.

LANGAGE D'AMOUR

Tachez d'arriver jusqu'à moi.
Vous ne pouvez aimer deux fois.
Mon amour vous rendra heureuse.
Mon cœur déborde de joie.
Je vous aime avec un bonheur complet.
Je veux être le seul.

QUATRAIN SUR LA TOPAZE

Topaze éblouissante aux brillants reflets d'or.
Votre couleur de joie, auréole de fête,
Couronne Cupidon, dieu d'amour, vrai trésor,
Jusqu'au jour malheureux de la morne défaite.

L'AMÉTHISTE

SA COULEUR EST VIOLETTE

DESCRIPTION ET PROVENANCE — Pierre précieuse très recherchée en bijouterie, si elle est d'un beau violet velouté (pierre d'Évêque). Les plus rares et les plus estimées sont celles provenant de l'Orient : elles sont d'un beau violet, d'un poli vif et brillant, d'une limpidité et d'une richesse de couleur qui ne peuvent s'exprimer.

Provient de l'Inde, du Brésil, de Hongrie, de Sibérie et de l'Espagne.

EMBLÈMES — Le passé, la résignation, la douleur.

COMPOSITION — Variété de quartz coloré par de l'oxyde de manganèse.

QUALITÉS — Amour douloureux, bonheur immolé.

LANGAGE D'AMOUR

Mon amour est inconsolable.
Je garde le souvenir et l'espoir.
Qu'on ignore notre amour.
Ma douleur ne s'éteindra pas.

QUATRAIN SUR L'AMÉTHISTE

Pierre sacrée et sainte, immolée à l'amour,
Vous avez renoncé pour Dieu, pour la prière,
A toute volupté, servant très peu d'atour,
A la femme coquette, ambitieuse, altière.

L'OPALE

SA COULEUR EST ROUGE ORANGE, JAUNE VERDATRE

DESCRIPTION ET PROVENANCE — Pierre fine taillée en cabochon dont l'aspect est gras ou vitreux, à reflets irisés.

Provient de Hongrie, du Mexique, de Ceylan, d'Arabie et de Saxe.

EMBLÈMES — Contradiction, variété, insuccès.

COMPOSITION — Substance minérale de la famille du silice avec variétés hydratées ou gélatineuses qui ne cristallise jamais; il y a aussi des opales de quartz résinite, dont les colorations sont dues à des hydro-carbures.

QUALITÉS — Amour défaillant, contrariant.

LANGAGE D'AMOUR

Vous ne m'aimez plus.
Je voudrais vous parler en secret.
Vous ne savez pas ce que je souffre.
Venez au plus tôt.
Sans vous, que vais-je devenir?

QUATRAIN SUR L'OPALE

Vos reflets irisés, changeants de l'arc-en-ciel,
Laissent, autour de vous, la froide indifférence,
Car le cœur de la femme est pour vous plein de fiel :
N'avez-vous pas, dit-on, trop mauvaise influence?

LA TURQUOISE

SA COULEUR EST D'UN BLEU CÉLESTE

DESCRIPTION ET PROVENANCE — Pierre précieuse bleu céleste et quelquefois verdâtre.

Provenant surtout de la Turquie (Vieille Roche), de la Hongrie, des Indes et de la Perse.

EMBLÈMES — Infidélité frivole, tendresse passionnée, espérance déçue.

COMPOSITION — Phosphate hydraté naturel d'alumine infusible, au chalumeau.

QUALITÉS — Amour douteux, trompeur.

LANGAGE D'AMOUR

Je vous aime tendrement.
Je ne rêve qu'à vous.
Vous ne savez pas aimer.
J'ai cru un instant à vous.
Je ne vous crois plus.

QUATRAIN SUR LA TURQUOISE

Votre couleur d'un bleu semblable au firmament,
Donne à la jeune fille une tendre parure,
Dont la fidélité, jamais, jamais ne ment,
Si celle qui vous porte à l'âme chaste et pure.

PIERRES DIVERSES

———

Il existe en outre beaucoup d'autres pierres dites pierres fines, de toutes couleurs et de toutes qualités, telles que :

LE JASPE — Variété de toutes nuances, fleuri rouge, verdâtre, moucheté ou neigeux.

Provient d'Egypte, des bords du Nil ou de la Haute-Egypte.

L'AGATE — Pierre fine d'une belle coloration plus ou moins transparente de la nature du silex, connue sous divers noms, tels que : Cornaline, Onyx, Sardoine, Calcédoine, Œil de chat et vingt autres dénominations ; on s'en sert pour des cachets, des parures, des camées, des vases, etc...

LE JADE — Pierre verdâtre, très dure, appelée aussi pierre divine. Se trouve dans l'île Sumatra et sur les bords de la rivière des Amazones (Amérique Méridionale).

Toutes ces pierres n'ont aucune propriété particulière bien définie : cependant, quelques-unes sont très estimées et recherchées ; d'autres sont de peu de valeur.

Elles servent généralement à la fabrication de la bijouterie, à des pièces d'orfèvrerie, ou encore à l'ornement des objets d'art religieux.

L'AMOUR

ou

LE MAITRE DU MONDE

L'amour est le maître du monde,
Il est aussi puissant que l'or ;
Grands et petits, tous à la ronde,
Le convoitent comme un trésor.

Pour posséder cette fortune
Il faut être sage et prudent.
Avec la blonde, avec la brune,
Il faut choisir le bon moment.

Il ne faut point perdre la tête
Pour éviter le ravisseur,
Il faut toujours rester honnête,
Être jaloux de son bonheur.

L'amour est le maître du monde
Aux sentiments capricieux ;
Il est sur la planète ronde,
Comme l'or, des plus précieux.

J. SURMONT

POÉSIES .

L'AMOUR NAISSANT
L'AMOUR DÉFUNT

I

Quand l'amour parle, tout se tait,
Un bonheur suprême apparaît ;
On marche sans but, en cadence,
Tendrement vers le doux silence.
Et, sous les regards indiscrets
Des oiselets et des bleuets.

II

Mais, quand l'amour se tait, tout parle !
Et, pour Louis, Albert ou Charle,
Le passé malheureux renaît,
Tout bonheur, hélas ! disparaît.
Chaque mot a sa réticence,
L'amour défunt veut sa vengeance.

J. Surmont

CITATIONS SUR L'AMOUR

« D'enfant il nous fait homme, et d'homme il nous fait dieu » !

Jean de SEGRAIS

«, De cruelles déceptions attendent la femme,
« Qui a placé tout son bonheur dans l'amour. »

Madame ROMIEU

« L'amour fait vouloir le bien pour le bien même. »

FÉNELON

« L'amour est l'acte suprême de l'âme
« Et le chef-d'œuvre de l'homme. »

LACORDAIRE

« L'amour est le roi des jeunes gens
« Et le tyran des vieillards. »

LOUIS XII

« L'amour est un tyran qui n'épargne personne. »

CORNEILLE

« Doutez si vous voulez de l'être qui vous aime,
« D'une femme, d'un chien, mais non de l'amour même. »

A. de MUSSET

« L'amour, ô nom charmant, divin consolateur,
« De l'existence humaine éternel enchanteur ! »

J. M. G. ANTOURVILLE

« L'amour sincère est réciproque
« L'amour qui feint est baroque. »

J. SURMONT

TABLE DES MATIÈRES

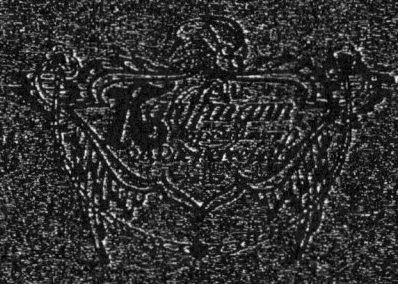